了不起的
大数学

了不起的大数学
科 学

[西班牙]卡拉·涅托·马尔提内斯 著 赵 越 译

四川科学技术出版社

图书在版编目（CIP）数据

了不起的大数学. 科学 /（西）卡拉·涅托·马尔提
内斯著；赵越译. 一成都：四川科学技术出版社，
2021.4
ISBN 978-7-5727-0096-5

Ⅰ. ①了… Ⅱ. ①卡… ②赵… Ⅲ. ①数学－少儿读
物 Ⅳ. ① O1-49

中国版本图书馆 CIP 数据核字 (2021) 第 054028 号

了不起的大数学·科学
LIAOBUQI DE DA SHUXUE·KEXUE

出 品 人　程佳月
著　　者　[西班牙]卡拉·涅托·马尔提内斯
译　　者　赵　越
责任编辑　梅　红
封面设计　王晓珍　张　迪
特约编辑　张丽静　李　瑄　王娇娇
出版发行　四川科学技术出版社
　　　　　地址　成都市槐树街2号　邮政编码　610031
　　　　　官方微博　http://e.weibo.com/sckjcbs
　　　　　官方微信公众号　sckjcbs
　　　　　传真　028-87734035
成品尺寸　210mm×285mm
总 印 张　12
总 字 数　240千
印　　刷　文畅阁印刷有限公司
版次/印次　2021年7月第1版　2021年7月第1次印刷
定　　价　168元（全4册）

ISBN 978-7-5727-0096-5
版权所有　翻印必究
本社发行部邮购组地址：四川省成都市槐树街2号
电话：028-87734035　邮政编码：610031

目录

奇妙的生物

什么是生物？·················5

能，还是不能？·············6

协同工作·······················7

植物与动物

什么是植物和动物？·······9

绿色实验室···················10

脊椎动物俱乐部············11

地下宝藏

什么是矿物？·················13

神秘的矿井···················14

发现化石!·····················15

拆分的魔法

什么是混合物？··············17

能否分得清？·················18

我要把你们分开！··········19

物质的秘密

什么是原子？·················21

我的分子式呢？··············22

水、冰、水蒸气············23

不同温度的世界

什么是热量？·················25

揭开谜团·······················26

是真的吗？····················27

光和影子

什么是光？····················29

影子实验室···················30

错觉还是事实？··············31

全速前进

什么是运动？·················33

同一个目的地················34

最佳骑手·······················35

神秘的力

什么是力？····················37

重力还是摩擦力？···········38

有趣的机械···················39

可持续发展

什么是能量？·················41

清洁能源·······················42

绿色世界·······················43

答案·······················44

奇妙的生物

实验室的显微镜

　　"今天我们要在学校的实验室里使用显微镜。"老师说。她还给出了一个有趣的提示："大家要观察的东西非常小，真的很小，不过对于生命而言，它却是必不可少的。植物、动物和我们人类都由它构成。"

　　老师说的东西是什么呢？

　　它叫作"细胞"。

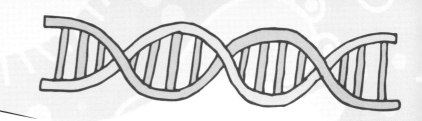

什么是**生物**？

　　生物是大自然的组成部分，它们会经历**生长、发育、繁殖、死亡**。除了病毒，所有的生物都是由细胞构成的。细胞是生物体结构和功能的基本单位，只有借助显微镜才能看到它。细胞可以分为原核细胞（如细菌的细胞）和真核细胞（如植物和动物的细胞）。

常见的细胞结构（动物细胞）

细胞质
细胞中围绕着细胞核的基质。

细胞器
细胞质中具有特定结构和功能的小器官。

细胞膜
细胞边界的一层膜，它能够选择性地让一部分物质通过。

细胞核
被双层膜包覆着，内部含有细胞中的主要遗传物质，也就是DNA。

　　世界上已知的生物超过500万种，但随着环境的污染、破坏和人类的过度利用，地球上的生物种类正在迅速减少，这是地球资源的巨大损失，也会对人类产生巨大的影响。保护生物多样性刻不容缓！

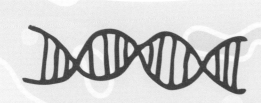

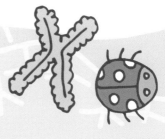

能，还是不能？

现在你已经知道了生物的小秘密，能够很轻松地分辨它们了，快来把它们与没有生命的物体区分开吧！

请分别找出符合下列各项特征的图片

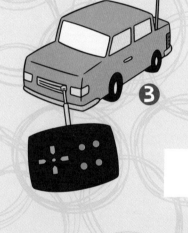

A. 可以自己移动

B. 可以生长

C. 能感觉环境的变化

D. 可以呼吸

E. 可以吸收营养

生物可以根据构成的细胞数目分为单细胞生物和多细胞生物。单细胞生物只由单个细胞构成（如细菌），多细胞生物则拥有多个分化的细胞（植物、大部分的动物、真菌……）。

协同工作

由于组成身体的各部分器官共同发挥着作用，身体才会一直运转着（即使在睡觉的时候）。

你知道下列功能对应的是哪个器官吗？

功能

A. 推动血液流动。

B. 研磨、消化食物。

C. 主导身体的活动。

D. 可以通过呼吸与外界进行气体交换。

E. 生成尿液，排泄废物。

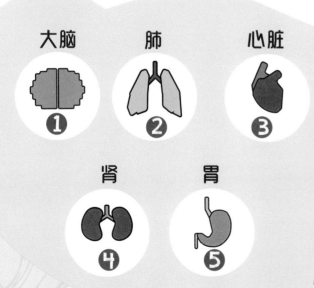

生物的细胞内含有一种非常重要的物质——DNA（脱氧核糖核酸）。DNA是遗传信息的携带者，它能让我们从自己的父母、祖父母和曾祖父母那里一代一代地继承某些特征。

植物与动物

生物之林

在生物之林中有两支队伍：由树木、小草和其他植物组成的植物队，以及按照不同类群进行分组的动物队。很长时间以来，两支队伍都相处得非常糟糕。直到有一天，两支队伍共同赖以生存的土地生气地说："够了！难道你们没有意识到，植物和动物需要互相帮忙才能更好地生存下去吗？"

什么是植物和动物？

① **植物**通常是指能够进行**光合作用**的一类自养生物。它们当中的大部分都扎根于土壤中，而且也不能主动迁移。

有花植物的各部分

叶：植物进行光合作用和呼吸作用的主要场所。

花：种子植物的繁殖器官，可进一步发育为种子和果实。

茎：支撑植物，为植物体的各部分输送水分和矿物质。

根：通常位于地表下，负责吸收土壤里的水分和溶于水中的矿物质，并将它们输送到茎。

✳ 叶片中的叶绿体能够进行光合作用。光合作用就是植物吸收光能，把二氧化碳和水合成为有机物，同时释放氧气的过程。

② **动物**的共同特点如下：

● 大多数动物能自主运动。

● 需要食物维持生命。

● 可以繁殖。

找一找

绿色实验室

生物老师每天都要检查教室里的植物，下面两张照片分别摄于星期一和星期三，可以看到，照片中的植物发生了一些变化……

你能找出这两张照片中的10处不同吗？

星期一

星期三

植物千差万别，我们可以根据是否产生种子，将植物分为种子植物（如蔷薇、桃）和孢子植物（如苔藓、蕨类）；按照茎干木质化程度，将植物分为木本植物和草本植物；还可以根据叶片的脱落状态将植物分为常绿植物和落叶植物，常绿植物全年都有叶片，落叶植物的叶片则会在秋冬季节或旱季脱落。

脊椎动物俱乐部

脊椎动物是指有脊椎骨的动物，包括鱼类、两栖动物、爬行动物、鸟类、哺乳动物等。每种类型的脊椎动物都有独特的身份标志。

下面对每类动物的描述中都有一个错误的项，你能找出来吗？

鱼类

① 没有四肢，有鳍。
② 没有骨骼。

鸟类

① 皮肤上长有羽毛。
② 不会走路，只能飞。

哺乳动物

① 胎生，哺乳，可以保持体温相对稳定。
② 猴子是哺乳动物，老鼠不是哺乳动物。

两栖动物

① 出生的时候叫作青蛙。
② 幼体用鳃呼吸，大多数成体用肺和皮肤呼吸。

脊椎动物的数量众多，结构复杂，生活方式千差万别。很多脊椎动物都和人类的生活关系密切，它们可以为人类提供食物（肉、蛋、奶）、服装材料（毛衣、羽绒服），还能帮助人类捕食农林害虫等。

地下宝藏

令人惊喜的岩石

岩石多种多样，大的、小的，扁平的、圆润的，光滑的、尖利的，灰色或其他颜色的……岩石中隐藏着许多关于生命的秘密。卡洛斯非常喜欢探索岩石，他长大后想成为一名地质学家。他的研究给我们带来了新的惊喜：岩石是由一种极为重要的物质——矿物组成的。

什么是矿物？

矿物是大自然中存在的**天然化合物或单质**，它们构成了地球的岩石。矿物的种类非常多，大多数矿物存在于岩石之中，但也可以从土壤中找到它们。每种矿物都有独特的**化学成分**。

矿物的特性

硬度： 矿物既可以像钻石一样坚硬，也可以像石膏一样易碎。

颜色： 矿物的颜色多种多样，有绿色的孔雀石、红色的赤铜矿、蓝色的绿松石等。

光泽与透明度： 有些矿物是不透明的，例如滑石；也有的矿物无色透明，呈现玻璃光泽，例如石英。矿物表面还会因反光而产生耀眼的光泽。

其他特性： 断口形状（如贝壳状、锯齿状等），导电性质（比如铜矿可以导电），磁性等。

煤、赤铜矿、青金石、绿宝石等都属于矿物。

13

找一找

神秘的矿井

矿物被开采出来后，就可以用于许多用途。

你知道下图中的东西分别对应哪种矿物吗？

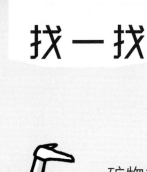

煤

石膏

①

②

石墨

③

金和银

铜

④

⑤

人们利用矿井开采出许多不同的矿物。含有矿物的岩石叫作矿石，矿工的工作就是从矿井或露天采矿厂中开采矿物。

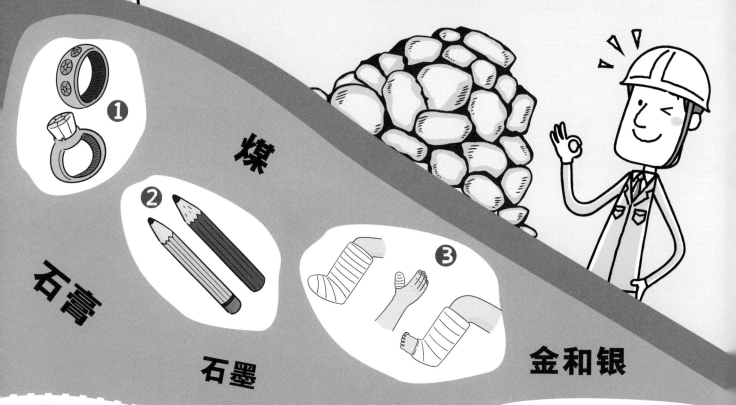

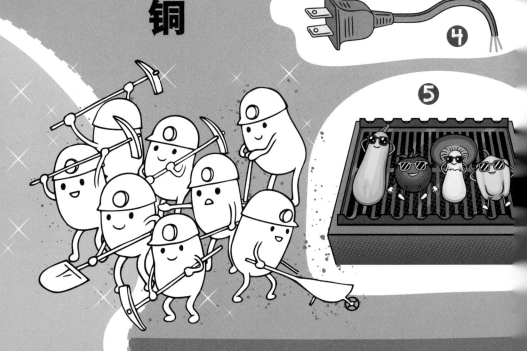

发现化石！

化石是古代生物的遗体、遗物或遗迹埋藏在地下变成的跟石头一样的东西。卡洛斯的老师在科学课上展示了一幅图，其中就有化石。

你能找出哪些是化石吗？请指出它们！

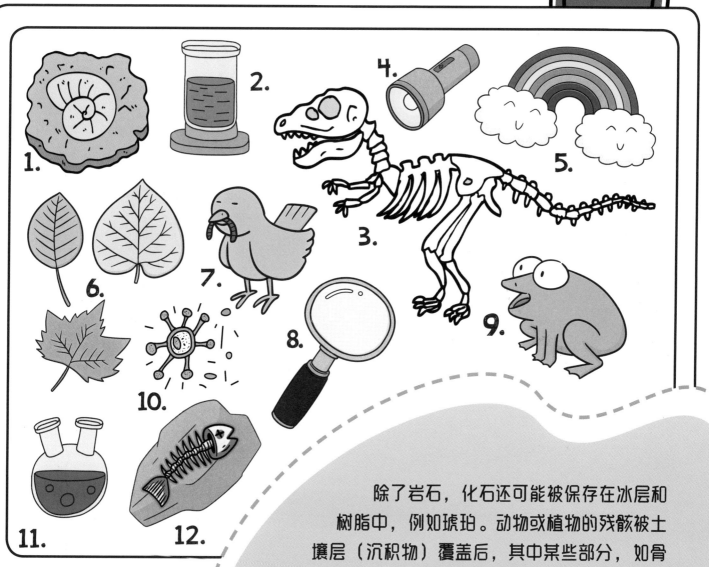

除了岩石，化石还可能被保存在冰层和树脂中，例如琥珀。动物或植物的残骸被土壤层（沉积物）覆盖后，其中某些部分，如骨骼、外壳、枝叶等，就会与包围在周围的沉积物一起，经过漫长的石化变成化石。

拆分的魔法

混合游戏

　　露丝总是把铲子、耙子、桶、滤网，还有实验室中用到的试管放在自己的沙滩包里。表弟卢卡斯问她："你为什么要带着这些奇怪的瓶子，你打算用它们做什么呢？"露丝回答："非常简单啊，这是为了分析我在海滩上看到的混合物。"卢卡斯很不解，继续问道："混合物？什么混合物？"露丝回答他："到处都有混合物呢！比如说，海水不就是水、盐和其他物质的混合物吗？"

什么是**混合物**？

我们周围的一切都是**物质**，物质有两种类型。

1 纯净物： 由同一种物质组成。水、冰、蔗糖、氧气都属于纯净物。

2 混合物： 由两种或多种纯净物混合而成。

海水　＝　水　＋　盐　＋ …

生活中有很多常见的混合物。

牛奶　　　　巧克力　　　巧克力奶昔　　　面团

组成混合物的各成分之间没有发生化学反应，还保持着原来的性质，所以可以使用过滤、蒸馏等方法加以分离。

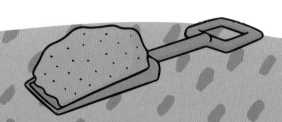

能否分得清？

为了更好地理解混合物，请你仔细观察下面这些东西是由什么组成的，并区分它们是物质互相溶解之后形成的，还是互不相溶的物质或物质以不同形态混合而成的。

它们分别是哪种混合物？

牛奶咖啡

汤面

沐浴露

在汽油、海水等混合物中，并不能一目了然地分辨出它们的成分。沙拉等混合物则较容易区分它们的成分。

沙滩上的沙

我要把你们分开！

用实验室里的不同工具来分离混合物。

请帮液体博士找出能用于分离混合物的工具！

我们可以使用过滤法分离混合物中的液体和固体，可以使用蒸馏法分离相互溶解但沸点不同的液体混合物（例如分离酒精和水），可以使用结晶法分离海水中的盐。

物质的秘密

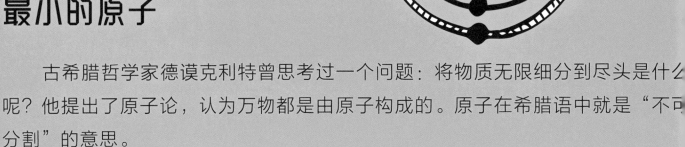

最小的原子

古希腊哲学家德谟克利特曾思考过一个问题：将物质无限细分到尽头是什么呢？他提出了原子论，认为万物都是由原子构成的。原子在希腊语中就是"不可分割"的意思。

什么是原子？

我们身边既有由同种元素组成的**单质**（如氢、氧、硅等），也有由不同元素组成的**化合物**（比如由氢和氧组成的水）。这些元素都是大自然中存在的基本物质。**原子**是一种元素能保持其化学特性的最小单位。

原子的各部分

质子：带正电。

原子核：原子的中心部分，在它内部有两种类型的粒子：质子和中子。

中子：中性的，不带电。

电子：带负电，在原子内做绕核运动。

我的分子式呢?

原子老师的实验室里出事了,物质的名称和用来表示它们的分子式走散了。

找到正确的道路把它们连起来吧!

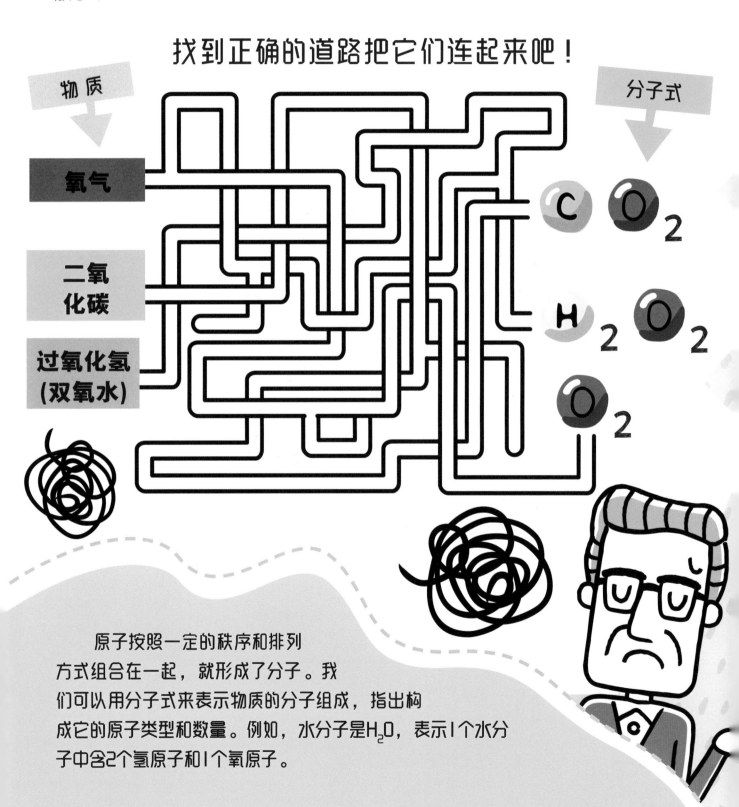

物质

氧气

二氧化碳

过氧化氢(双氧水)

分子式

CO₂

H₂O₂

O₂

原子按照一定的秩序和排列方式组合在一起,就形成了分子。我们可以用分子式来表示物质的分子组成,指出构成它的原子类型和数量。例如,水分子是H_2O,表示1个水分子中含2个氢原子和1个氧原子。

水、冰、水蒸气

水可以以三种状态存在：固态（冰）、液态（水）、气态（水蒸气）。

我们在大自然的循环中可以看到它们之间的相互转换。

请为下面每段文字找到对应的图片，然后将它们排序！

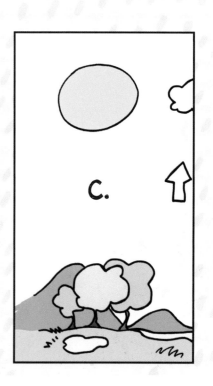

❷ 小水珠或小冰晶在云层内变大，以雨、冰雹或雪的形式落到地上。

❶ 海洋、湖泊、河流、小溪、地表中的水蒸发，进入大气。

❸ 水蒸气在上升过程中与空气接触，冷却凝结成小水珠或小冰晶，形成云层。

分子间的相互作用力和距离决定了物质的三种状态：固态（分子间距很小且呈固定排列）、液态（分子间距比固体稍大）、气态（分子间距大且能自由地无规则运动）。

不同温度的世界

温度变化真大！

　　玛塔对温度很感兴趣：为什么妈妈把她冰冷的小手捂在手心之后，她的手就立刻变暖和了？天气很冷的时候，是谁发出命令让暖气片开始散热？玛塔感冒的时候，医生说的体温升高了又是什么意思…… 玛塔若有所思地说："关于冷和热，有太多的谜团需要解决啦！"

什么是热量?

温度高的物体把能量传递到温度低的物体上，所传递的能量叫作热量。它是由组成物质的**原子的运动**产生的。

高温物质： 它们的原子在不同方向上剧烈运动。

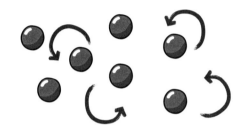

常温物质： 它们的原子移动较少且速度慢。

冰冷的物质： 它们的原子运动很少。

虽然热量和温度有关，但两者并不相同。**热量**是在热传递的过程中传递能量的多少，而**温度**指的是物体的冷热程度。

测量温度要用到的工具叫作**温度计**。用来度量温度数值的标尺叫作温标，它规定了温度零点和分度方法。我们常用的是**摄氏温标**，它的单位是**摄氏度**（℃）。

摄氏温标规定，在一个标准大气压下，纯水的冰点为0℃，沸点为100℃，0℃和100℃之间均匀分成100份，每份表示1℃。

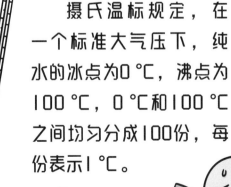

 水的冰点

水的沸点

揭开谜团

为了看看玛塔是否理解了关于温度和热量的知识，老师给她布置了一项小测验。

请帮助玛塔找到正确的选项，将下面的句子补充完整。

1 如果把两种不同温度的物体放在一起，_____会变冷，冷的物体会_____，直到两个物体达到_____的温度。

2 _____的物质叫作热的良导体，铝、铜和铁都是_____。

3 窗户的_____是_____，它不易导热，可让家里保持适宜的_____。

A. 善于导热，热的良导体

B. 热的物体，变热，相同

C. 玻璃，热绝缘体，温度

热量传递主要有三种基本方式：热传导、热对流和热辐射（比如阳光）。极不易导热的物体被称为热绝缘体，消防员穿的消防服中就含有热绝缘材料。

是真的吗？

热量对物质的影响体现在生活中的许多方面，下面列出了一些例子。但是，请注意！这些例子中有一项并不是真的。

哪一项不是真的？

1. 铁轨之间留有间隙是为了防止它们在炎热的天气中因受热膨胀而变形。

2. 冷饮瓶盖拧不开时，可以把它放在水龙头下用热水冲，瓶盖会受热膨胀，这样就能轻松将它拧开。

3. 如果你在寒冷的日子里戴了一条长围巾出门，不久就会看到围巾是如何缩短的，因为寒冷的天气使围巾收缩了。

4. 木门在冬天比夏天更容易打开，因为寒冷会使木材收缩，炎热会使木材膨胀。

有的物体吸收或放出热量后会发生物态变化，比如冰吸收热量融化成水。物体还有热胀冷缩的特性，即受热时会膨胀，遇冷时会收缩。

光和影子

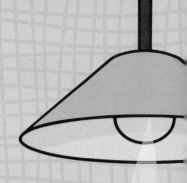

变幻莫测的光

光的表现方式非常奇特，与其他能量大不相同。光博士是光领域的专家，他研究了多年，非常清楚光的变幻莫测。他一直想找到一种方式，让光乖乖听话。

什么是光？

光是一种以**波的形式**沿**直线**传播的能量。正在发光的物体叫作光源，比如太阳、灯、篝火和蜡烛。我们可以看到不发光的物体是因为物体反射的光进入了我们的眼睛，这也是我们在**黑暗**中看不到不发光物体的原因。光照射到不同物质的表面时，会产生不同的现象。

❶ 直线传播： 当光不能穿过不透明物体时，会形成较暗区域，即影子。

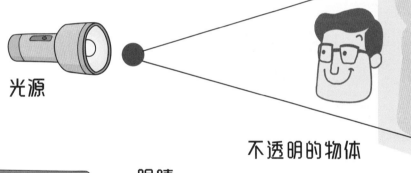

光源

不透明的物体

影子

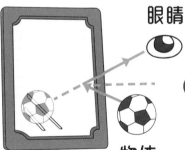

眼睛

物体

❷ 反射： 光遇到物体表面（如镜面、桌面）会改变传播方向，形成反射。

❸ 折射： 光从空气斜射入水中时，传播方向会发生偏折，这种现象叫作光的折射。

影子实验室

光博士的侄子杰克和侄女玛丽正在实验室里做游戏，他们打开了一个巨大的手电筒，然后静静地观察自己的影子。

你能帮杰克和玛丽找到自己的影子吗？

阳光下物体影子长短是随着太阳在天空中的位置变化而变化的。正午，太阳位置最高时影子最短，太阳位置最低时（例如傍晚），影子最长。

小提示：

当光从正面射来时，我们的影子看上去就像是我们的身体轮廓一样。请仔细观察哟！

1

4

错觉还是事实？

俗话说眼见为实，但我们眼睛看到的东西就一定是真的吗？请你仔细看看下图。

两个蓝色的点，哪个更大呢？

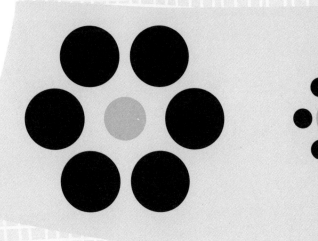

我们在观察物体时，由于受到形、光、色的干扰，会产生与实际不符的视觉误差，比如筷子放在有水的碗内，由于光线折射，看起来筷子是弯的，这就是一种由光线折射产生的错觉。

全速前进

静止的雕塑

今天，学校组织同学们去博物馆参观。在众多艺术作品中，最吸引巴勃罗的是那些雕塑。巴勃罗一直在想，如果人在某个地方一直保持静止不动会怎么样呢？回到学校后，他向老师提出了一大堆问题：为什么我们可以移动？为什么有些人比另一些人走得更快……

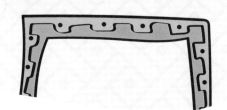
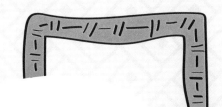

什么是运动？

　　运动就是**物体的位置**不断变化的现象。**力**可以改变物体的运动状态（运动快慢或运动方向）。

参照物：当判断物体是运动还是静止时，需要选取某个物体作为标准，这个物体称作参照物。

方向：物体的运动方向。

轨迹：物体的移动路径。

A ●　◀───────────────────▶ ● B

路程：沿着轨迹经过的距离。

运动轨迹可以是以下几种形式。

- 直线的。
- 弯曲的。
- 摆动的。就像钟摆摆动一样，物体在两个位置之间来回移动。
- 波状的。就像波浪的形状一样。

同一个目的地

下图中的两辆车都要去环形公路的中心绿地，请你来规划路线。

数一数两辆车各拐弯了几次

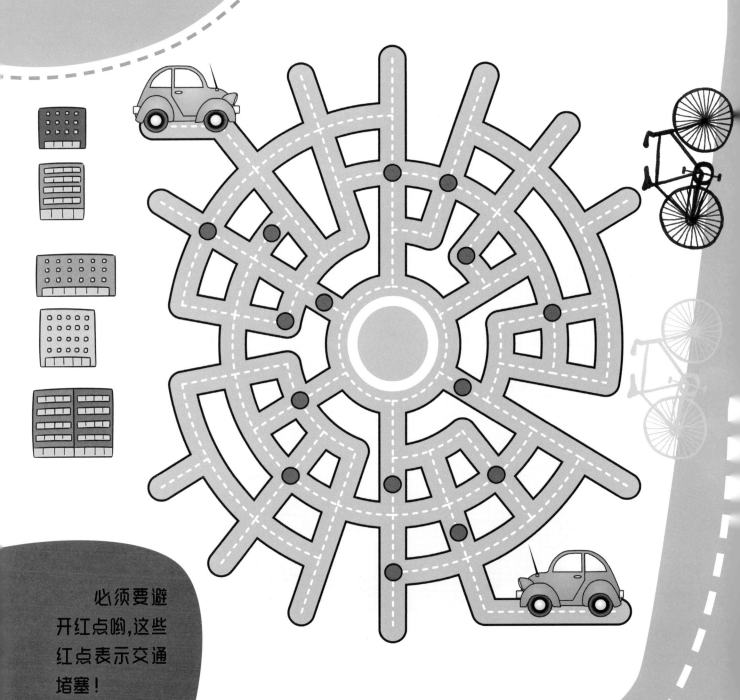

必须要避开红点哟，这些红点表示交通堵塞！

34

最佳骑手

巴勃罗和他的朋友加布里埃尔、佩德罗、洛洛比赛从巴勃罗家骑车去公园。四人都到达后，他们分别看了一下自己的智能手表，上面显示了他们各自的骑行速度。

你知道谁是第一个到达公园的吗？

巴勃罗

30千米/时

加布里埃尔

45千米/时

佩德罗

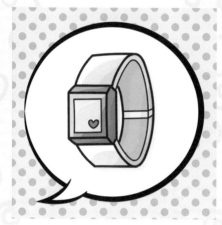

23千米/时

洛洛

52千米/时

速度是表示物体运动快慢的物理量。它在数值上等于物体在单位时间内通过的路程，常见的速度单位有米/秒（m/s）和千米/时（km/h）。如果物体速度增加，就叫作"加速"；而物体速度减少，就叫作"减速"。

神 秘 的 力

善良的精灵

  豪尔赫总觉得自己身边有一些善良的精灵，它们会帮他举起一些东西，会在他打网球时让球朝着他想要的方向前进……后来，豪尔赫知道了，帮助他推、拉、举起东西的不是精灵，而是力。

什么是？

　　力是物体之间的**相互作用**，可以使物体的**运动状态**或**形状**发生变化。例如，用力压弹簧，弹簧会变形。我们的生活中处处都有力的作用。

❶ 重力：由于地球的吸引而使物体受到的力叫作重力。扔出的球会因为受到重力的作用而落到地上。因为太空中的重力很小，所以宇航员会在太空中飘浮起来。

❷ 摩擦力：两个相互接触的物体，当它们有相对运动或相对运动趋势的时候，在接触面上会产生阻碍相对运动的作用力，即摩擦力。摩擦力使我们能够走路或跑步，如果我们的脚和地面之间没有摩擦力，我们就会摔倒！

找一找
重力还是摩擦力？

虽然我们没有意识到，但力无处不在。试着找一找，看看力是如何隐藏在那些日常使用的东西背后并操控它们的。

下面每张图片主要对应的是什么类型的力？

重力

摩擦力

摩擦力既可以使汽车停下来，也能让摆放在柜子上的家具不滑落，还会造成鞋底或机器零件的磨损。粗糙表面（如泥沙）的摩擦力大，光滑表面（如镜面）的摩擦力小。

有趣的机械

利用力学原理可以组成各种机械，它们可以使抬起重物这样的困难任务变得简单（例如，修建金字塔时就使用了机械）。

请把每种机械和它的名字连起来！

斜面

滑轮

杠杆

轮轴

A.

B.

C.

D.

杠杆可以撬动重物；滑轮是一个装在架子上的轮子，能穿上绳子或链条，用于提起重物（起重机会用到它）；斜面是倾斜的平面，能够让人省力地将物体移动到高处；轮轴由轮子和同心轴组成，日常生活中常见的石磨、汽车的方向盘、扳手利用的都是轮轴的机械原理。

可持续发展

能源夫人

能源夫人为自己感到骄傲，是她让这个世界得以运转。她存在于我们身边的很多事物中，如太阳、海洋、风……

什么是能量？

　　一个**力**使物体沿力的方向移动一段距离，这个力就对物体做了功。物体**做功能力**的大小用**能量**来表示。能量有自己的特征，它与自然界中的其他元素完全不同。

- 无法被看到、触摸或抓住。
- 能量有很多种不同的形式。
- 能量可以从一种形式转变成为另一种形式，但不能凭空产生或消失。

　　能源是大自然中存在的资源，它能够为人类提供不同形式的能量。**太阳能**是一种能源，它产生不同形式的能量，如**光**、**热**……

能源的类型

1. **可再生能源：**可以从自然界里源源不断得到的能源，比如水能、太阳能、风能等。

2. **不可再生能源：**越用越少，不能在短时间内从自然界得到补充的能源，比如煤、石油、天然气。它们将在一段时间内被耗尽，因此我们正在寻找可替代它们的能源，如海洋能、生物质能等。

清洁能源

莉娜喜欢看电视，她想知道太阳能是怎样转化为电能的。

你能帮她将下面几幅图按顺序排列吗？

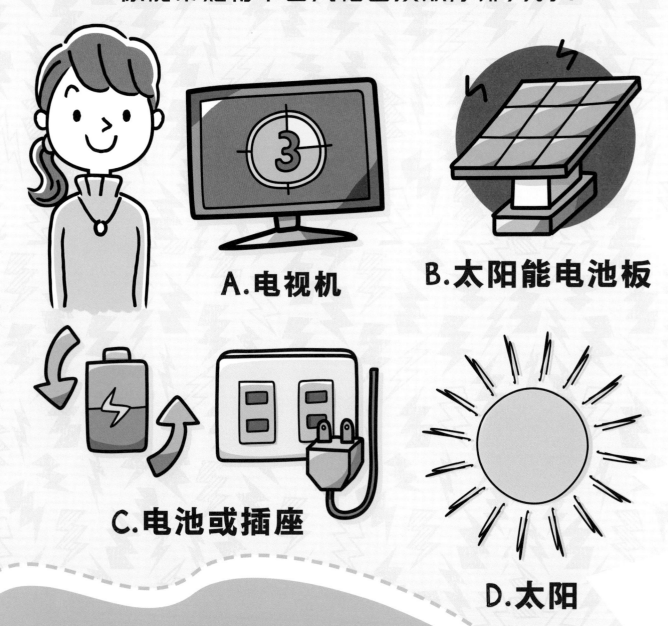

A.电视机

B.太阳能电池板

C.电池或插座

D.太阳

太阳能是大部分能量的来源，它有许多优点——可再生、免费，而且还是一种清洁能源，无论是直接使用（晒太阳）还是在转化过程中，它都不会产生污染。

绿色世界

维克多一家设计了一个没有污染的生态城市项目。

请在下图中找出3种与不同类型能源相关的设备

能源根据不同的形态特征，可以分为化石能源、水能、电能、风能、太阳能、生物质能、核能、海洋能和地热能。这些能源还可以转换为人类所需要的能量，比如把煤炭加热到一定的温度，可以产生大量的热能。

答 案

第6页：A-4，5，6；B-2，4，5，6；C-2，4，5，6；D-2，4，5，6；E-2，4，5，6。

第7页：A-3，B-5，C-1，D-2，E-4。

第10页：

第11页：鱼类-②是错误的；鸟类-②是错误的；哺乳动物-②是错误的；两栖动物-①是错误的。

第14页：石膏-3，铜-4，金和银-1，石墨-2，煤-5。

第15页：1，3，12。

第18页：汤面-不能互相溶解，牛奶咖啡-能互相溶解，洗发水-能互相溶解，海滩上的沙-不能互相溶解。

第19页：试管和其他玻璃容器。

第22页：

氧气
二氧化碳
过氧化氢（双氧水）

第23页：A-2，B-3，C-1。图片顺序如下：C-B-A。

第26页：1-B，2-A，3-C。

第27页：3。

第30页：杰克-C；玛丽-3。

第31页：两个圆点大小相同。我们认为右边的圆点更大是因为它周围那些作为参照物的小圆点。

第34页：

绿色汽车拐了10次弯，蓝色汽车拐了9次弯。

第35页：洛洛是最先到达的，因为他的速度最快。

第38页：重力：1，2，5；

摩擦力：3，4。

第39页：A-滑轮，B-杠杆，C-斜面，D-轮轴。

第42页：D-B-C-A。

第43页：太阳能电池板（太阳能），风车（风能），电源插头（电能）。

作者简介

卡拉·涅托·马尔提内斯，西班牙记者、自由作家、童书作家，毕业于马德里康普顿斯大学信息科学专业，在新闻领域发展自己的职业生涯。她也是一位营养和健康问题方面的专家，出版了大量备受西班牙读者喜爱的书籍，如《"小小科研家的宝藏百科书"系列：不可思议的非凡人生》《儿童趣味厨房》《儿童趣味实验》《宝贝：快乐成长的关键》《儿童神话乐园》《格森疗法及其食谱》《血糖》等。

译者简介

赵越，重庆外语外事学院西班牙语教研室主任，校级中青年骨干教师。发表学术论文10余篇，曾获"十佳巾帼标兵""十佳教师"等荣誉。